易小点数学成长记

The Adventure of Mathematics

丘吉尔计划

童心布马 / 著
猫先生 / 绘

6

北京日报出版社

图书在版编目（CIP）数据

易小点数学成长记 . 丘吉尔计划 / 童心布马著 ; 猫先生绘 . --
北京 : 北京日报出版社 , 2022.2（2024.3 重印）
ISBN 978-7-5477-4140-5

Ⅰ . ①易… Ⅱ . ①童… ②猫… Ⅲ . ①数学—少儿读物 Ⅳ . ① 01-49

中国版本图书馆 CIP 数据核字 (2021) 第 236849 号

易小点数学成长记　丘吉尔计划

出版发行：北京日报出版社
地　　址：北京市东城区东单三条 8-16 号东方广场东配楼四层
邮　　编：100005
电　　话：发行部：（010）65255876
　　　　　总编室：（010）65252135
印　　刷：鸿博昊天科技有限公司
经　　销：各地新华书店
版　　次：2022 年 2 月第 1 版
　　　　　2024 年 3 月第 7 次印刷
开　　本：710 毫米 ×960 毫米　1/16
总 印 张：25
总 字 数：360 千字
总 定 价：220.00 元（全 10 册）

目录

同学们，拿出你们的书，该上课了。
咦？书在哪里呢？
找到了！
人类居然可以把东西放得这么乱。

走吧，看来需要让你知道分类的重要性。
原始时期
肉在哪儿？
在？
跟我差不多嘛。
为了方便找东西，原始人开始试着把东西按属性分类存放。
把物品根据一定的属性分类整理，这就是最初的“集合”。
这样就容易找到需要的东西了！
这有什么难的，我也可以。

教室
英语
数学
语文
我能把课本按科目分类，比原始人棒多了！
鞋不属于任何学科，别放在课桌里！
太臭了！
这属于体育学科！

学校组织参观部队训练……
全体卧倒！

第一排，匍匐前进！

这好像跟分类有点关系！
确实有关系，刚才班长说的“全体”就是一个集合。

论
19 世纪末，德国数学家康托尔创立了集合论。

元素
这个集合里所有的士兵都是集合的元素。“第一排”是在集合里又分出了一个子集。

正是因为有了集合，我们才能更方便地定义各种量的范围，对各种数学概念进行分类。

这些项目太适合我了！
你在干什么？
嘿！
这是个做侦察兵的好苗子！
看来我得好好培养这个“好苗子”。
我长大后也要到军队里当“元素”！

我来给你们做一顿大餐！
不会又都是鱼吧？
这次保证让你们都满意。
我要吃汉堡、意面或者比萨。
我想吃意面、刀削面或者馄饨。
我想吃蔬菜沙拉、土豆泥或者意面。
数据收集完毕，生成分析结果……

了那么多，只
了个意面？
好吃！好吃！
博士又要给偷
懒找理由了。
根据我的数据分析结果，
你们 3 个人想吃的食物是
3 个集合，它们有 1 个交
集，就是意面。
如果两个或多个集合中含有
相同的元素，这些相同的元
素就构成了这些集合的交集。
吃完再去嘛，一
会儿面就坨了！
我们去看看交
集的大用途。
“二战”后的英国伦敦

“二战”后的英国，
经济一片萧条。
这是首相丘吉尔
的府邸，有重兵
把守。
快戴好“隐身徽章”！
丘吉尔的头发都快
愁没了。

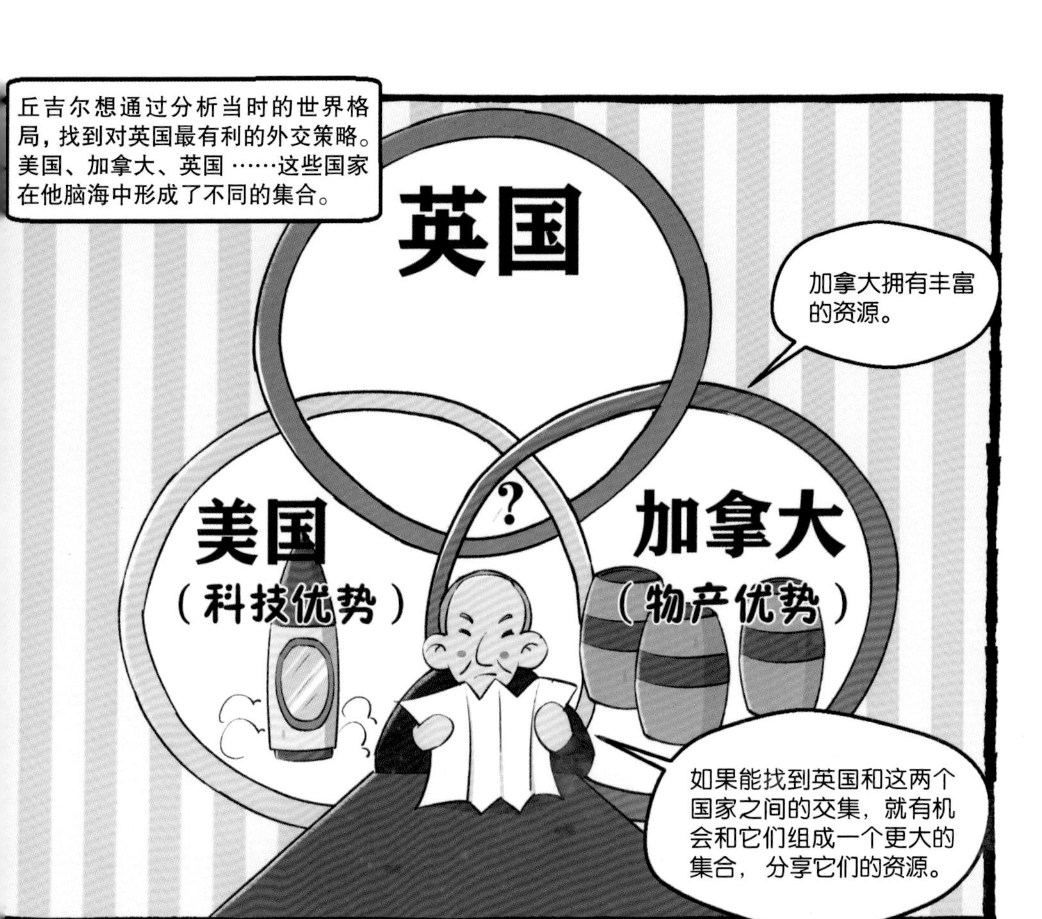
丘吉尔想通过分析当时的世界格局，找到对英国最有利的外交策略。美国、加拿大、英国……这些国家在他脑海中形成了不同的集合。
英国
加拿大拥有丰富的资源。
美国
（科技优势）
加拿大
（物产优势）
?
如果能找到英国和这两个国家之间的交集，就有机会和它们组成一个更大的集合，分享它们的资源。

英语
有了！交集就是共同使用的语言。

我们要启动“三环外交”战略。

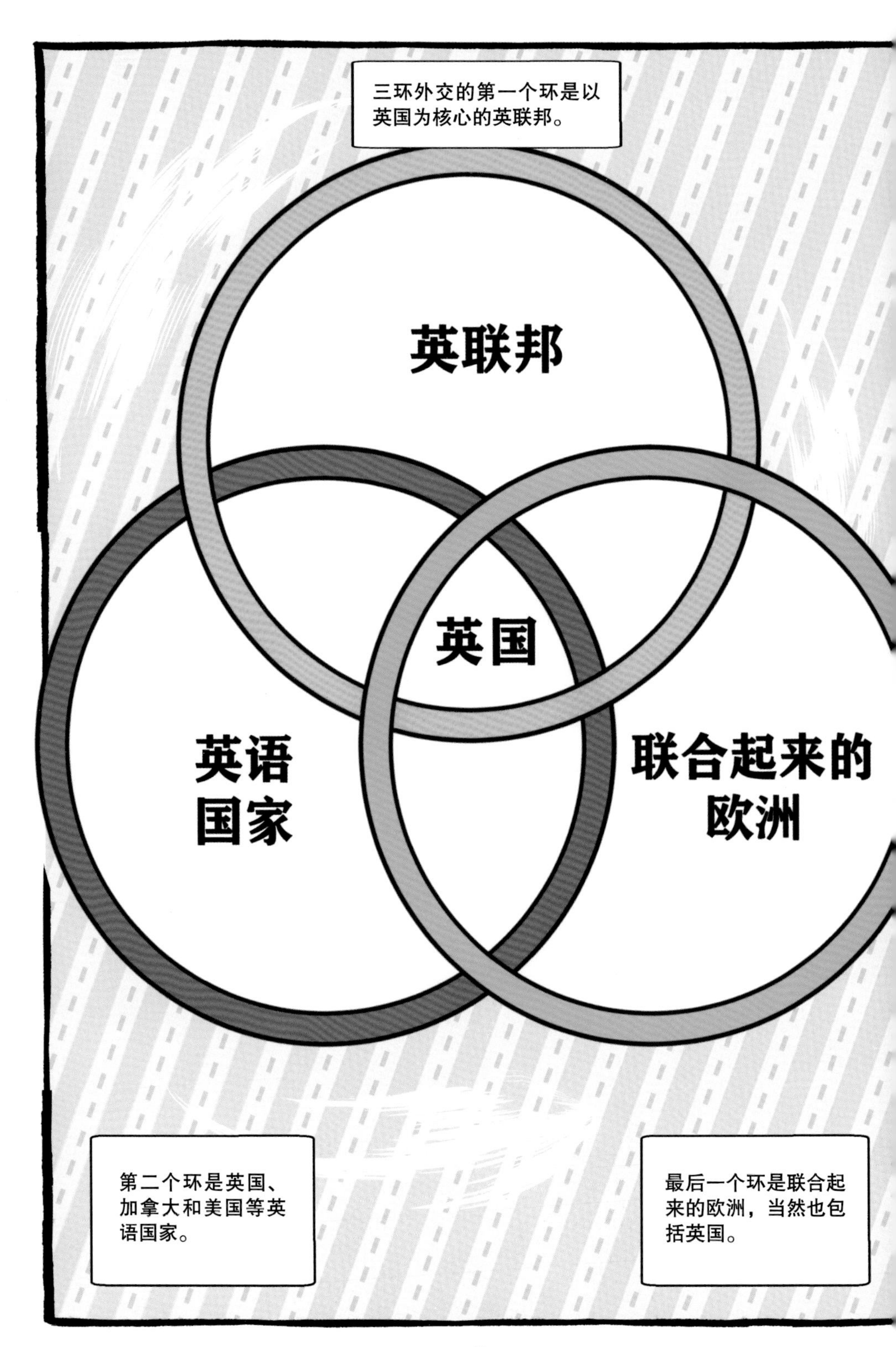
三环外交的第一个环是以
英国为核心的英联邦。
英联邦
英国
英语
国家
联合起来的
欧洲
第二个环是英国、
加拿大和美国等英
语国家。
最后一个环是联合起
来的欧洲，当然也包
括英国。

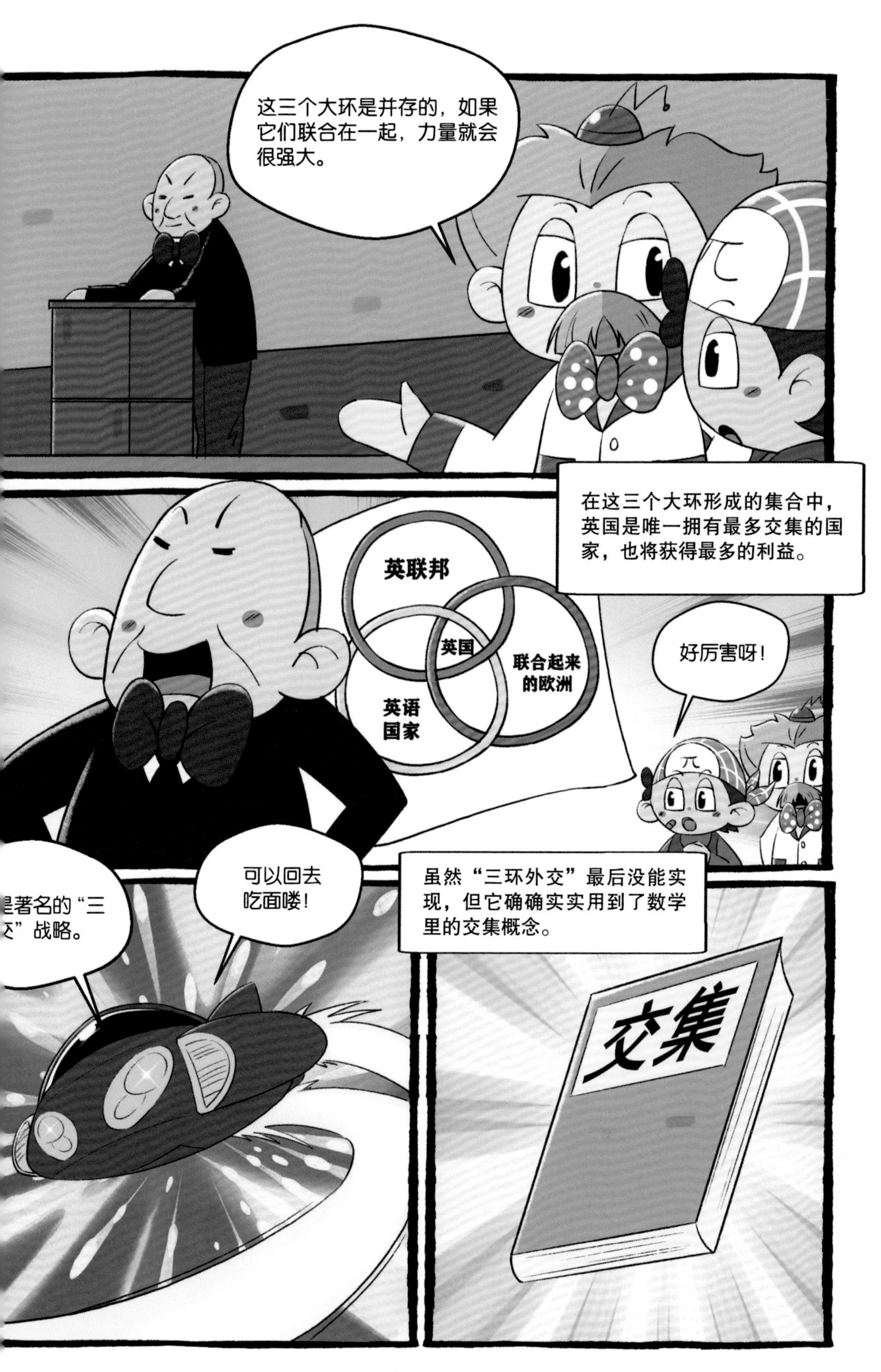
这三个大环是并存的，如果它们联合在一起，力量就会很强大。
在这三个大环形成的集合中，英国是唯一拥有最多交集的国家，也将获得最多的利益。
英联邦
英国
联合起来的欧洲
英语国家
好厉害呀！
是著名的“三交”战略。
可以回去吃面喽！
虽然“三环外交”最后没能实现，但它确确实实用到了数学里的交集概念。
交集

周末，高斯博士的实验室。
游戏规则：小 π 扔到两个正面算赢；易小点扔到两个背面算赢。
我们玩抛硬币的游戏吧。
币
我扔出一正一反算赢。谁赢了就能吃一颗巧克力豆。
总觉得有点不公平，好像我很吃亏……
为什么看着我说?

好吧，有这样一个故事，在古代欧洲有个小国，一个大臣冒犯了国王，国王决定处死大臣。

根据这个国家的法律，死囚在临刑前有一次改变命运的机会。大法官会把写有“生”和“死”的两张纸条放在盒子里，让死囚通过抽签决定自己的命运。

你有罪！
陛下，我没有做错事呀！

我一定会让你抽到“死”！

你们认为这个大臣可能会抽到什么呢?
可能会抽到“生”。
也可能会抽到“死”。
国王为了让这个大臣死，就把盒中的“生”字拿掉，换成了“死”字。
死
死
糟了，这个大臣不可能有“生”的机会了。
有个好心人悄悄地把这个秘密告诉了大臣。
国王把两张纸条都换成了“死”字。

这个大臣想了一夜，终于想出了一个好办法。
第二天抽纸条时，大臣抽出盒中的一张纸条，看也不看，就猛地把它吞进了肚子里。
么会这样?有此理!
大法官把盒子里剩下的纸条交给了国王。纸条上写着“死”字，那么大臣抽到的只可能是“生”字。于是，大臣被释放了。
死
这是关于“可能性”的故事。你再想想抛硬币几种结果的可能性各有多少概率吧。
这跟我们的抛硬币游戏有什么关系呢?

我想明白啦!
铅笔妹抛出一正一背的可能性更大呢!
我最近在看卡尔达诺写的关于概率问题的著作，就用上了书中的知识。

你是说那个研究占星术的赌徒?走，去看看他。

哇，占星术!我是摩羯座，博士呢?

卡尔达诺生活在16世纪，他医术高明，是英国国王爱德华六世的御医。
可他也是一名狂热的赌徒……
啊！又输了！
为了让自己更容易在赌博中获胜，他认真做了研究，发现了一些规律。
这个游戏里肯定存在规律的，到底是什么呢？

什么规律？我也想知道！
比如玩大转盘抽奖游戏……
根据转盘上每个分区所占的份数和面积，可以推算出每个奖项被抽中的概率有多大。
谢谢参与
一等奖
幸运奖
谢谢参与
二等奖
特等奖
谢谢参与
既然明知道中大奖的概率很小，大家为什么还要去参加抽奖呢？

因为大家都有侥幸心理。而且，复杂的概率规律不是这么容易就能看出来的。
统计
是需要经过长期的记录和统计才能计算出来的。
卡尔达诺既会计算概率又会占星术，一定赢了很多钱吧？
带你们去看看 75 岁的卡尔达诺吧。
他用占星术算出自己会在 75 岁的时候去世。
卡尔达诺的家

博士，我们好像
来晚了！
他真的算对了自己的
忌辰……
啊！不可能算错！
天啊！

身体明明很健康，为什么要生气呢？
我算了很多次，到底是哪里出了问题？
为了提高自己占星的准确率，他结束了自己的生命。
他真不该这样做。
虽然卡尔达诺的一生很荒诞，但是成就很高，他对现代概率论有开创之功。
卡尔达诺的书里记录怎么通过统计计算概率了吗？

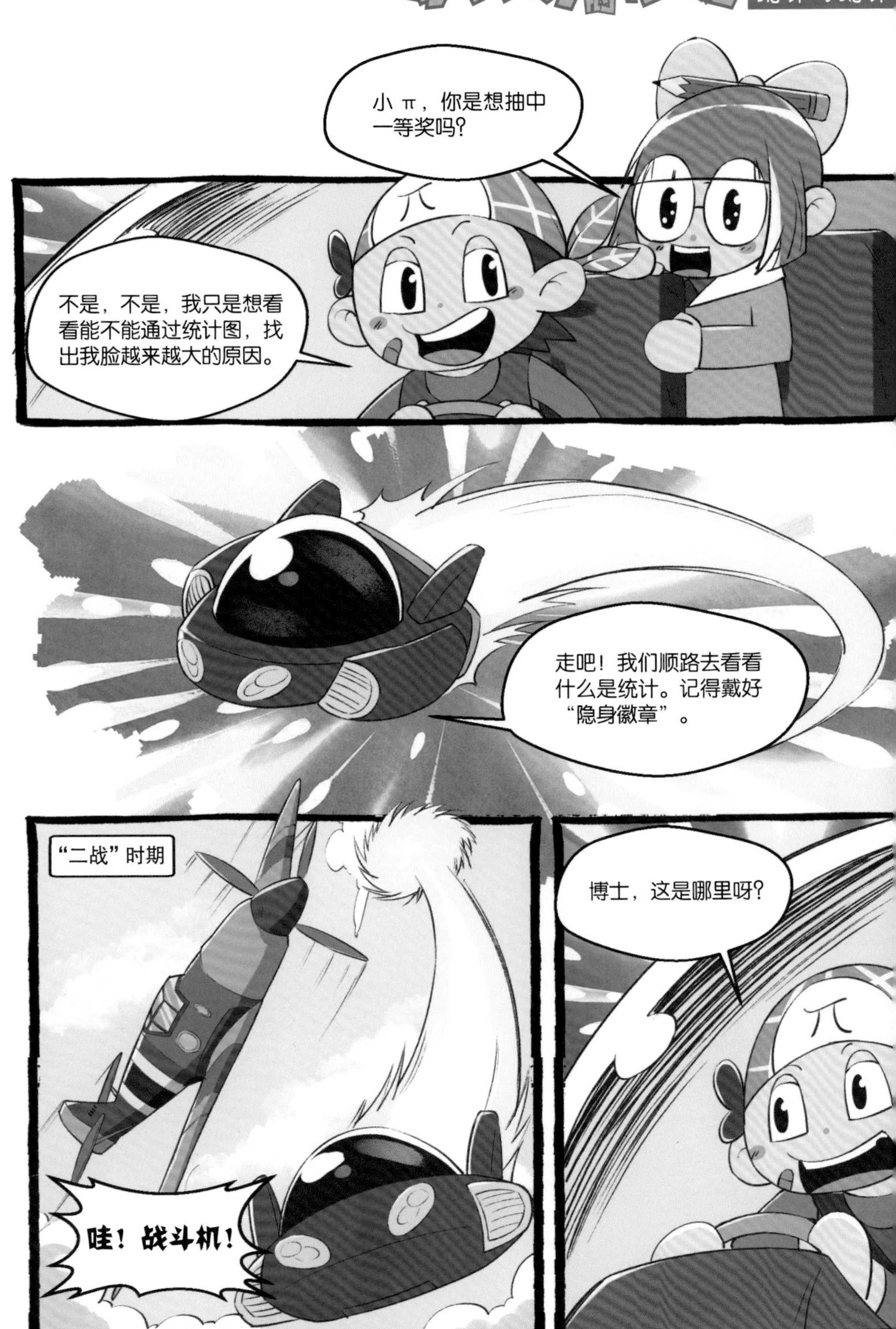
小π，你是想抽中一等奖吗？
不是，不是，我只是想看看能不能通过统计图，找出我脸越来越大的原因。
走吧！我们顺路去看看什么是统计。记得戴好“隐身徽章”。
“二战”时期
哇！战斗机！
博士，这是哪里呀？

这里是“二战”时德国对战英国的空中战场。
哎呀，那架飞机中弹了。
快去救飞行员!

中弹的飞机飞回了基地。
得加强机身防御，提高战斗力才行。
快去看看飞行员怎么样了。

长官让统计每架飞机的中弹情况。
飞机头部的弹痕最多。
还好没有人员伤亡。
机头正面中弹 32 发。
尾部中弹1发。
为了提高飞机的防御能力，英国的飞机设计师们要给飞机增加护甲。
统计中弹情况有什么用呢？
但是设计师们不清楚应该在什么地方增加护甲，于是就来求助统计学家。

我知道，肯定是在中弹
最多的机头增加护甲。

我对战损情况进行统计
分析后，发现最需要增
加护甲的部位是机尾。

为什么是中弹最少
的机尾？
我们去统计表里
找答案吧。

战斗机中弹情况统计表

部位＼型号	1号	2号	3号	4号	5号	合计
机头	7	9	5	8	12	41
机翼	4	3	3	1	2	13
机尾	1	1	1	1	1	5

这是吃饭的统计表，这是吃蛋黄派的统计表，这是吃泡芙的统计表……
你们知道我统计得有多辛苦吗？
你的统计表也太多了吧！
用条形统计图会更简洁、更清晰。
条形是什么呢？是面条还是粉条？

它是自从奴隶社会时期就开始使用的统计图。
向古希腊出发！
古希腊城邦的执政官为了满足对内统治和对外战争的需要，长年大量征兵、征税。
执政官大人，您看一下近三年人口、土地和税收的统计数据就明白了。
为什么今年财政收入这么少？
人口 土地 税收
500万
400万
300万
200万
100万
第一年 第二年 第三年

执政官看完统计表后发现，由于长年战争，人口逐年减少，土地面积虽然没有变，但因为没有足够多的人口耕种，粮食连年减产，税收自然就下降了。
看来要减少战争对人民的伤害。
第二天

看，这是我新做的条形统计图。
巧克力
蛋黄派
泡芙
第一天
第二天
第三天
第四天
第五天
你少吃点甜食，脸就没那么大了。

周末中午的比萨店
服务员，我们要点餐。
位想吃什么？有个好评度的形统计图可以你们参考哦。
这张图和比萨饼长得好像呀！
没错，所以我们也叫它饼状图。
至尊比萨 40%
夏威夷比萨 35%
榴莲比萨 10%
泡菜比萨 15%

在国外，这种图俗称派图，因为它刚被发明出来的时候没有名字，长得又像派。总之，这两个名字都和食物有关。
您的餐具。
饼状图没有条形图好用！
需要部分与整体数据进行对比的时候，饼状图是最好用的。
饼状图能清楚地展示各种元素在集合中的占比。
需要具体描述数据的时候，饼状图就不好使了！
哼！

我们就点这个比萨吧！
十分钟后……
啊！什么味道？
救命啊！
你们的比萨！

这次数学考试铅笔妹100分，小π90分，易小点78分。
易小点，你不再是那个考0分，觉得数学没用的家伙了！
突然被夸奖，很不好意思呢。
78

博士，我这算是追上大部队了吗？
要计算一下班级的平均分才知道。
平均分是怎么分？把大家的分数分给我吗？
这个交给我，没问题！
想得美！
先统计全班的总分数！
学霸姐！

数学
语文
100
100
99
99
99
99
99
98
98
98
这是全班同学各科
成绩的统计表。

41号
73
这次数学考试的班
级总分是 3870 分。
42号
73
43号
72
总分
3870

总人数43人
总分为3870分
用总分数除以总人数，就是班级的
平均分数：3870 ÷ 43 = 90（分）。

看来我还没达到平均分。
别气馁，你已经做得很好了！
下次继续努力，你的成绩一定会继续上升！
我感觉到易小点的小宇宙要爆发了！
从 0 分到 78 分我都可以，从 78 分到 90 分，我也没问题！

高斯博士的小黑板

（本册知识点汇总）

统计和概率

分　类：按照某种性质给物体或数分别归类。

统计表：记录被统计的数据的表格，可以使数据看起来更加清晰明了，便于计算。

统计图：反映统计数据的一种示意图。统计图有很多种，如柱状统计图、折线统计图、扇形统计图、点状统计图等。

平均数：一组数据相加，再除以数据的个数得到的数。

众　数：一组数据里出现次数最多的数。

中位数：按顺序排列的一组数据中，位于中间的数。

概　率：反映事件发生可能性的大小的数值。

统计图细分

条形统计图的作用：条形统计图主要用于反映数量的多少。它可以分为单式条形统计图与复式条形统计图。

条形统计图的画法：一个单元格长度表示一定的数量，根据数量的多少画出长短不同的直条，然后把这些直条按一定的顺序排列起来。

单式条形统计图　　复式条形统计图

线统计图的作用：主要用于反映数量的变化趋势，我们可以通过数据的增减变化情况，预测之后的发展趋势。

线统计图的画法：根据统计资料整理数据，先画横轴，后画纵轴，纵、横轴都要用一定单位表示一定的数量；根据数量的多少，在纵、横轴的对应位置描出各点，然后把各点用线段顺次连接起来。

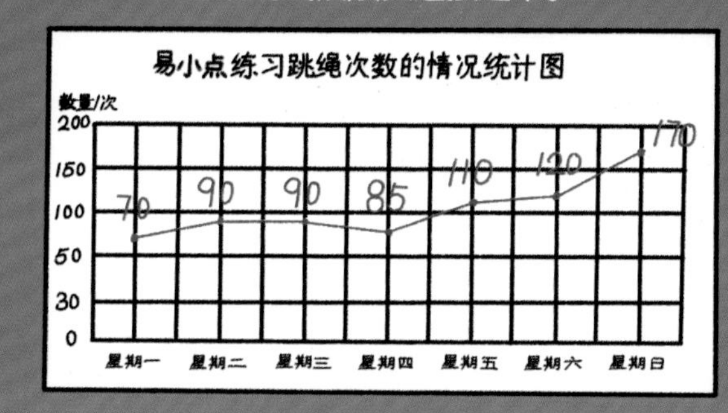

形统计图的作用：主要用于反映各部分数量与整体数量之间的关系。扇形统计图里的问题一般要结合百分数问题解决。

形统计图的画法：根据统计资料所得数据，算出各部分扇形在圆中所占的百分比，所有扇形的占比相加等于 100%。用量角器依次按圆心角把圆分成相应数量的扇形；在各扇形内标出每部分的内容及其占比。

身不是正数。
负数：比0小的数叫作负数，负数与正数表示意义相反的量。负数前用负号“–”表示。
奇数：指不能被2整除的整数。奇数可以分为正奇数和负奇数。
偶数：指能够被2整除的整数。偶数分为正偶数和负偶数，正偶数也称双数。
有理数：是整数（正整数、0、负整数）和分数的统称。
无理数：也称为无限不循环小数，不能写作两个整数之比。
因数与倍数：整数a除以整数b
是b的倍数。
粮
以计量事物的件数
序的数。又叫作非
整数、零、负整数的
不包括小数、分数。
大的数叫作正数，0本
自然数：用以计量事物的件数或表示事物次序的数。又叫作非负整数。
整数：是正整数、零、负整数的集合，整数不包括小数、分数。
正数：比0大的数叫作正数，0本身不是正数。
负数：比0小的数叫作负数，负数与正数表示意义相反的量。
奇数：指不能被2整除的整数。奇数可以分为正奇数和负奇数。
偶数：指能够被2整除的整数。偶数分为正偶数和负偶数，正偶数也称双数。
有理数：是整数（正整数、0、负整数）和分数的统称。
无理数：也称为无限不循环小数，不能写作两个整数之比。
因数与倍数：整数a除以整数b（b≠0）的商正好是整数而没有余数，我们就说b
a是b的
易小点日报
知识点
★认识数
★图形与测算
★统计与概率
★典型应用
★运算
★特殊测算
★基础应用
单位换算
1千米=1000米
1米=10分米
1分米=10厘米
1厘米=10毫米
1元=10角
1角=10分

跟着易小点，数学每天进步一点点

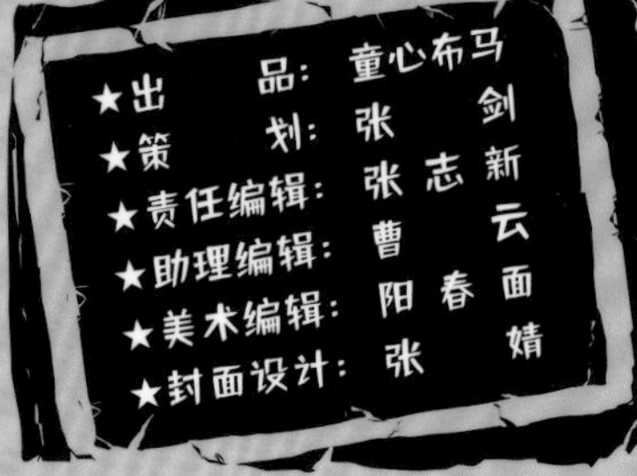

★出　　品：童心布马
★策　　划：张　剑
★责任编辑：张志新
★助理编辑：曹　云
★美术编辑：阳春面
★封面设计：张　婧

猫先生

北京日报出版社
微信公众号

童心布马
微信公众号

上架建议：儿童读物

ISBN 978-7-5477-4140-
9 787547 741405
总定价：220.00元（全10册）